神奇生物世界丛书

主　　编　　杨雄里
执行主编　　顾洁燕

摇摆萌娃

鸟类天地大揭秘

郝思军　编著

上海科学普及出版社

序 言

你想知道"蜻蜓"是怎么"点水"的吗?"飞蛾"为什么要"扑火"?"噤若寒蝉"又是怎么一回事?

你想一窥包罗万象的动物世界,用你聪明的大脑猜一猜谁是"智多星"?谁又是"蓝精灵""火龙娃"?

在色彩斑斓的植物世界,谁是"出水芙蓉"?谁又是植物界的"吸血鬼"?树木能长得比摩天大楼还高吗?

你会不会惊讶,为什么恐爪龙的绰号叫"冷面杀手"?为什么镰刀龙的诨名是"魔鬼三指"?为什么三角龙的外号叫"愣头青"?

你会不会好奇,为什么树懒是世界上最懒的动物?为什么家猪爱到处乱拱?小比目鱼的眼睛是如何"搬家"的?

……

如果你想弄明白这些问题的真相,那么就请你翻开这套丛书,踏上神奇的生物之旅,一起去揭开生物世界的种种奥秘。

习近平总书记强调,科技创新、科学普及是实现创新发展的两翼。科普工作是国家基础教育的重要组成部分,是一项意义深远的宏大社会工程。科普读物传播科学知识、科学方法,弘扬渗透于科学内容中的科学思想和科学精神,无疑有助于开发智力,启迪思想。在我看来,以通俗、有趣、生动、幽默的形式,向广大少年儿童普及物种的知识,普及动植物的知识,使他们从小就对千姿百态的生物世界产生浓厚的兴趣,是一件迫切而又重要的事情。

"神奇生物世界丛书"是上海科学普及出版社推出的一套原创科普图书,融科学性、知识性、趣味性于一体。丛书从新的视野和新的角度,辑录了200余种多姿多彩的动植物，在确保科学准确性的前提下，以通俗易懂的语言、妙趣横生的笔触和五彩斑斓的画面，全景式地展现了生物世界的浩渺与奇妙，读来引人入胜。

丛书共由10种图书构成，来自兽类王国、鸟类天地、水族世界、爬行国度、昆虫军团、恐龙帝国和植物天堂的动植物明星逐一闪亮登场。丛书作者巧妙运用了自述的形式，让生物用特写镜头自我描述、自我剖析、自我评说、畅所欲言，充分展现自我。小读者们在阅读过程中不免喜形于色，从而会心地感到，这些动植物物种简直太可爱了，它们以各具特色的外貌和行为赢得了所有人的爱怜，它们值得我们尊重和欣赏。我想，能与五光十色的生物生活在同一片蓝天下、同一块土地上，是人类的荣幸和运气。我们要热爱地球，热爱我们赖以生存的家园，热爱这颗蓝色星球上的青山绿水，以及林林总总的动植物。

丛书关于动植物自述板块、物种档案板块的构思，与科学内容珠联璧合，是独具慧眼、别出心裁的，也是其出彩之处。这套丛书将使小读者们激发起探索自然和保护自然的热情，使他们从小建立起爱科学、学科学和用科学的意识。同时，他们会逐渐懂得，尊重与这些动植物乃至整个生物界的相互关系是人类的职责。

我热情地向全国的小学生、老师和家长们推荐这套丛书。

杨雄里

2017年7月

目　录

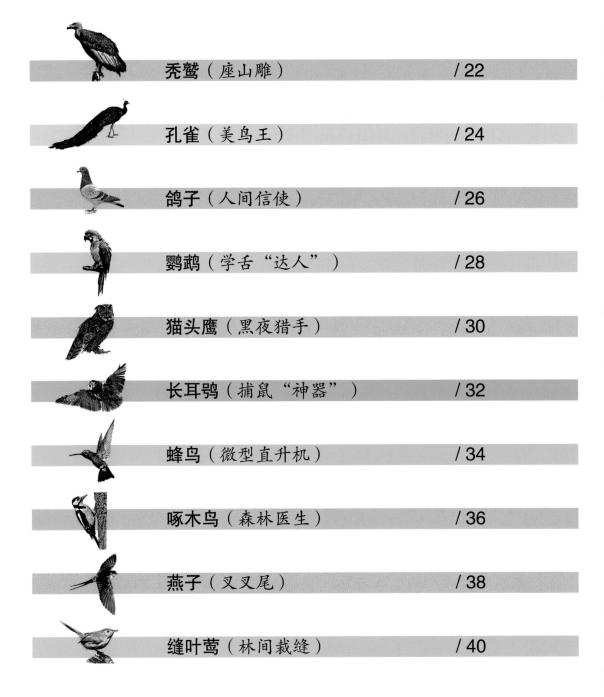

鸵鸟

绰号：健步行侠

　　论身高、体重，我都是鸟类中的老大。可是，江湖上有一种传言，说是我在遇到危险时，喜欢把头钻到沙堆里，只要自己看不见，就以为平安无事了。还把这叫做"鸵鸟政策"，用来笑话那些自己骗自己、不敢面对现实的人。

　　这真是天大的冤枉啊！如果我把头埋在炽热的沙子里，只要一会儿，不是被热死就是被闷死了。我身强力壮，健步如飞，才不会害怕那些敌人呢。只是有时我懒得和它们比谁跑得快，所以才缩起长头颈贴着地面，身体蜷缩成一团来伪装一下。还有时，我把头颈贴在地面上，可不是因为害怕，而是能通过地面的振动，来探听一下周围的动静。再说，这种姿势能让脖子休息一会儿，你知道，一天到晚挺着长长的脖子可累了。

物种档案

鸵鸟又被叫做非洲鸵鸟，因为它们只生活在非洲的沙漠中。它是体形最大的鸟类，雄鸟身高常常超过2.5米，体重超过100千克。它产的蛋也是世界上最大的鸟蛋，直径达到15厘米，重量近1.5千克，大约相当于20个鸡蛋。鸵鸟由于双翅退化，所以已不会飞行，只能靠两条健壮有力的长腿步行。它非常善于奔跑，速度比马还要快，一步就能跨出三四米远，快速奔跑时靠扇动双翅来保持平衡。

在世界的其他地方，还有一些也被称为"鸵鸟"的鸟类，它们长得和非洲鸵鸟相似，也失去了飞翔的能力。比如分布在澳大利亚的鸸鹋，被称为"澳洲鸵鸟"，它的个头比非洲鸵鸟小，尤其是腿脚明显比较短。有趣的是，雌鸸鹋从生下蛋以后就离开了，以后孵蛋和喂养小鸸鹋的工作全部由雄鸸鹋承担。

离澳大利亚不远的新几内亚岛上，生活着鸸鹋的近亲——鹤鸵，又叫做"食火鸡"，它的脖子呈现明显的蓝色，很好辨认。而在太平洋东面的南美洲，还有一种被称为"美洲鸵鸟"的鹲鹋，它也是一种不会飞的大型鸟类。

鸵鸟

鸸鹋

鹤鸵

鹲鹋

企 鹅

绰号：摇摆萌娃

我虽然是一种海鸟，但不会飞。不过，我可是游泳和潜水的高手，能潜到很深的水下，像鱼儿一样飞快地游泳，我的两只翅膀变成了鱼鳍的样子，划起水来可灵活了。但是，我在水里不能待太久，还得到岸上来呼吸。在陆地上，我就只能依靠短短的双脚走路了，一左一右走起来，看上去摇摇摆摆。因为走得慢，又很费劲儿，所以我有时候干脆趴下身体，在冰面上滑行，这样就快多了。

休息的时候，我总是站得笔直，昂着头，用尾巴撑住身体，保持平衡。有人说我这模样像是有所企望，所以把我叫做企鹅。其实，我可没什么"企望"，生活在这片冰天雪地的大陆上，没有污染，也没有天敌，已经够幸福了，还能企望什么呢！？

物种档案

世界上有18种企鹅，大多生活在寒冷的南极大陆沿海，最大的帝企鹅直立时身高超过1米，体重能达到40千克，是世界上最大最重的海鸟；最小的小蓝企鹅身高还不到40厘米，生活在澳大利亚南部的岛屿上。

企鹅身上的羽毛又小又密，像鳞片一样盖在身上，腹部的羽毛通常为白色，背部的羽毛大多是黑色的。在厚实的羽毛下面，还有厚厚的脂肪层，这使它们能够抵御南极地区极其寒冷的环境。

到了繁殖季节，雌企鹅产蛋后，会赶紧到海里去觅食，孵化企鹅蛋的任务通常由雄企鹅来完成。雄企鹅把蛋放在宽大的脚蹼上，腆着肚子，用肚子上的羽毛盖在蛋上，靠消耗身体里的脂肪来产生热量孵蛋。为了防止企鹅蛋滚动，它们只好伫立不动，常常要坚持三四十天之久，直到雌企鹅回来"接班"。这时，雄企鹅的体重几乎减轻了一半，需要马上到海里去捕食鱼虾，补充营养。小企鹅出生后很长一段时间，仍然是躲在妈妈的身体下，靠雌企鹅的体温和厚厚的羽毛来保暖防寒。

信天翁

绰号：滑翔机

我是一只快乐的信天翁，每天都在大海的上空自由地翱翔，一点儿都不累。要问我为什么不累，那是因为我不像其他海鸟，飞行的时候总是不停地扇动翅膀。我的翅膀展开时可宽了，就像两把窄长的弯刀，在天空中能借着风力的托举飞快地滑翔，几个小时都不用扇动翅膀。而且，风越大，我就飞得越快越省力；如果海上风平浪静，那我可就飞不起来了，只好漂游在海面上。

我最喜欢做的事，就是追随着在大海中航行的轮船，在空中滑翔、盘旋。你如果在船上，一定会觉得我就像一架洁白的滑翔机，连翅膀都不用扇一下，又平稳又潇洒！

物种档案

　　信天翁是一类大型海鸟，全身羽毛洁白，体长可超过1米，尤其是双翅展开时，翼展常常超过3米，是翼展最大的海鸟，它也正是因此而具有很强的飞行能力。

　　除了繁殖季节，信天翁长期漂泊在海上，捕食鱼类、乌贼为生。信天翁还有一种嗜好，就是喜欢吃腐烂的鱼虾或动物内脏。所以，它们常常长时间地跟随着海上航船，实际上是为了获取一些船上扔下的残余食物或动物内脏。不过，信天翁既不能在飞行的时候从空中捕食，也不善于潜入水中猎食，通常只是在靠近水面的地方觅食。

　　到了繁殖季节，信天翁会在海岛上聚群筑巢。它的巢非常简单，往往只是在断崖或岩礁上找一个洼坑，再衔来一些沙土、草屑等构成。雌雄信天翁轮流孵蛋，经过两个多月，小信天翁就破壳而出了。雌雄信天翁还要花几个月为幼鸟喂食，并教会它独自飞翔觅食，这时才各自离去。

鹈鹕

绰号：鱼兜

大嘴巴，宽翅膀，一兜鱼儿吃不光。说的就是我这个捕鱼能手。

我天生长了一张大嘴巴，又宽又尖，嘴巴下面还有一个能鼓得很大的喉囊。捕鱼的时候，我会先和同伴们在水面上排成一列长队，或者围成一个半圆形，用宽大的翅膀使劲地拍打水面，激起一片水花，把水下的鱼儿朝岸边赶。离岸边越来越近，水下的鱼儿越聚越多，这时候，我就张开大嘴，像一张大网兜一样在水中扫荡过去。那些惊慌失措的鱼儿就被装进了我的大嘴里。然后，我会闭上嘴，嘴巴一鼓劲儿，就把喉囊里的水全都排出去了，剩下的就是好多条美味的鲜鱼了。经常一下子吃不完，我就把它们留在大喉囊里，什么时候饿了再慢慢享用。

物种档案

　　鹈鹕是一种大型游禽，它的脚粗短，脚趾间有宽大的蹼，便于在水面上划水游弋，但不会潜水。鹈鹕最显著的特征就是那张大嘴和下颌处的巨大喉囊。这个喉囊足有10多升的容量，而且能够伸缩自如。捕鱼时，鹈鹕一边在水中游行，一边张开大嘴，连鱼带水一起兜进舒展的大喉囊里。饱餐之后，常常会张开大嘴，把喉囊吹干，这时，原本垂下像一个大兜子的喉囊会收缩起来。

　　鹈鹕的喉囊不但用来储存吃不完的鱼，还是喂养幼鸟的"餐具"。它们会分泌出消化液，将留在喉囊里的鱼肉加以消化分解，然后张开大嘴，幼鸟常常会半个身体探入亲鸟的喉囊里取食，经过半消化的鱼肉非常适合幼鸟吸收营养，所以它们胃口很大，生长得也很快。

　　还有一种水鸟叫鸬鹚，也是捕鱼高手。它虽然没有鹈鹕那么大的喉囊，但却善于潜泳。有趣的是，鸬鹚和鹈鹕还会"联手"捕鱼，鹈鹕在水面上拍击，鸬鹚潜入水下追逐，最终都能大获丰收。

白鹭

绰号：轻曼"鹭丝"

我的体形苗条，细长的双脚，修长的头颈，尖尖的长嘴。平时，我喜欢弯曲着长脖子，双脚挺直站立，全身羽毛雪白，风姿绰约。当我飞在空中时，头颈还是会收缩成S形，双脚向后水平伸展，因为这样飞行最省力，也最好看。而且，我在天上飞的时候，只需要缓缓地扇动双翅，飞行姿势就很优雅漂亮。

到了繁殖季节，我就打扮得更漂亮了。我的头顶上会长出两支特别长的羽毛，向后飘逸；我的背上和胸部也会长出许多纤细的羽毛，风儿吹来时，这些细丝会随风飘动，好像穿着一件轻曼的纱衣，难怪大家都叫我"鹭丝"呢！

白鹭以一身白色的羽毛得名，其实它可分为大白鹭、中白鹭、小白鹭等多种。

除了白鹭，鹭科的鸟类中还有不少其他种类，它们大都喜欢生活在湿地、海滨、浅滩等环境中，以小鱼为食。不同的鹭有各自的觅食绝招。比如白鹭，觅食时会很缓慢地在水中行走，发现小鱼后常常止步不动，或者用一只脚轻轻拨动水下，等小鱼游近了才突然探下尖嘴捕食。

苍鹭的背部和尾部羽毛苍白带灰色。当它发现目标时，会轻轻地将嘴里衔着的一小片羽毛扔在水面上，用它当鱼饵来引诱小鱼。一旦小鱼上当，靠近水面，苍鹭就迅疾地用长喙夹住猎物。

黑鹭全身披着灰黑色羽毛。它站在水中央，展开双翅圈成一个圆形，就像一把黑色的大伞，脑袋就躲在"伞"下仔细观察。"大伞"在水面上造出一片阴影，有些鱼儿以为是一片树荫，不知不觉地游过来，没想到被黑鹭啄个正着。

白鹭

苍鹭

黑鹭

白鹳

绰号：独脚仙

我和白鹭、白鹤都姓"白"，样子也有点像，所以有人常常分不清我们谁是谁。其实，我觉得自己和它们还是很不一样的。我身上的羽毛是白色的，但翅膀上的羽毛却是黑色的，展翅高飞时黑白分明；白鹭的羽毛几乎全都是白色的，而白鹤的翅膀上虽然有一些黑色羽毛，但总是被白色羽毛盖住，几乎看不出来。虽然我们都长着长嘴长脚，但我的嘴和脚最漂亮，全是红色的；白鹭的嘴和脚是黑色的，白鹤的嘴和脚是暗红色的。

有时，你会看到我在高高的树枝上用一只脚稳稳当当地站立着，那是我在休息，站累了再换一只脚，这样是不是很酷啊！

东方白鹳

黑鹳

物种档案

　　白鹭、白鹳、白鹤属于不同的科，但它们体态相似，又都喜欢在湿地沼泽生活，所以不易区分。一般来说，白鹳的体形比白鹭略大，比白鹤稍小，它在飞行时的姿态和白鹤更接近，都是脖子、身体、双脚伸展成一直线，而白鹭的脖子却是弯曲的。不过，白鹳的脚趾和白鹭更相似，都是前面三趾，后面一趾，而且后趾发达有力，能踩在地上，并帮助它们抓握住树枝；而白鹤的后趾却长得很高，无法踩在地上。所以，白鹳和白鹭都习惯在树丫上筑巢，而白鹤则把巢筑在泥地、草丛中。另外，白鹳很少鸣叫，白鹭的叫声比较单调，只有白鹤的声音十分洪亮，而且多变。这是三者的一个明显区别。

　　全世界有17种鹳鸟。在中国只有两种，都是十分珍稀的国家一级保护动物。除了东方白鹳，还有一种黑鹳，全身都披着黝黑的羽毛，头颈部的羽毛隐约闪出暗绿色的光泽，只有肚子下面有一片白色的羽毛。

丹顶鹤

绰号：红顶仙

　　我的头顶上是一片鲜艳的朱红色，全身羽毛洁白如雪，只有头颈上和尾巴上有黑褐色的羽毛。

　　到了繁殖季节，我们都会找到心仪的伴侣，成双成对地生活在一起。每天清晨和傍晚，我们都会一边伸直长脖子，仰天鸣叫，唱着动听的歌儿；一边鼓起双翅，跳起快乐的舞蹈。到了四五月，我们就要忙着在浅水滩上筑巢了。鹤妈妈会在巢里产下两枚蛋。白天由鹤爸爸来孵蛋，晚上换鹤妈妈"值班"。

大约一个月后我们的宝宝就会"笃笃笃"地啄破蛋壳，伸出小翅膀，来到我们的面前。鹤宝宝长得可快了，要不了多久就会走路、游泳了。不过，它要学会飞行得花上好几个月。到了10月底，我们一家就该一起飞到温暖的南方去过冬了。

物种档案

丹顶鹤的羽色简洁，身体各个部分都很修长。它在振翅飞翔时，头颈、身体、长腿伸成一条直线，双翅横展，和身体形成一个"十"字形，非常优雅。正是因为丹顶鹤仿佛仙鸟下凡，所以中国自古以来就把它称为"仙鹤"，还常常将丹顶鹤和松树画在同一幅图里，以"松鹤延年"来象征长寿。事实上，丹顶鹤也确实很长寿，一般可活五六十年。

丹顶鹤的头颈很长，里面的气管更为细长，在胸骨之间弯曲盘绕，好像盘曲的喇叭，因此能发出嘹亮的叫声，声音可传出很远。难怪中国古代很早就有赞美它的诗句："鹤鸣九皋，声闻于天。"

丹顶鹤不但美丽，而且十分珍贵，属于中国一级保护鸟类。在中国的黑龙江省，建立了扎龙自然保护区，成为丹顶鹤等多种珍稀鸟类的繁殖地。

朱 鹮

绰号：桃花鸟

很多人初次见我，都会以为我的羽毛是白色的。为什么我的名字里有一个代表红色的"朱"字呢？其实，你只要靠近我，就会发现，我的羽毛带有浅浅的粉红色，特别是翅膀上的羽毛，显然是漂亮的桃花色。而且，我的脸和双脚都是朱红色的，所以才有了朱鹮这个名字。

到了春夏交接的繁殖期，我的脖子和背上的羽毛会变成灰色，而翅膀和尾巴上的羽毛却变成了鲜红色，可漂亮啦！

很多人说，我停歇站立的时候，身姿有点像白鹭；飞在天空中的时候，双翅展开和身体呈"十"字形，又很像丹顶鹤；不过说到我的叫声，这个真有点难为情，他们说，像……乌鸦。

物种档案

朱鹮是一种美丽而又十分珍稀的鸟类。它曾经广泛分布在东亚地区，可是由于环境污染、森林破坏等原因，到了50多年前，在中国各地居然再也看不到野生的朱鹮了。难道朱鹮真的灭绝了吗？人们不愿相信这个残酷的结论，一直在努力地寻找。1981年，科学家终于在茫茫的秦岭大山里，发现了7只稀罕无比的朱鹮。它们一共是4只成鸟，3只刚刚孵化出来的幼鸟。其中一只幼鸟不小心从树杈间的鸟巢中掉到了地上。考察队员发现它又瘦又弱，看来是得不到足够的食物，于是把它带回去人工喂养，后来送到了动物园。

朱鹮没有在中国灭绝。不过，要让朱鹮能够长久地在大自然中栖息、繁衍，就需要更加重视和保护它们的栖息环境。中国已经把朱鹮列为国家一级保护动物，还专门在它的栖息地建立了自然保护区。

天 鹅

绰号：优雅舞者

我是大天鹅，比一般的家鹅个头大多了。我的头颈特别长，大概和身体的长度差不多。平时我弯曲着头颈，在湖水里游来游去，看上去就像一个"2"字形。

我是一种候鸟，也就是说，随着季节变化，我会南北迁徙。每当春天来临，我就会和伙伴们集结成群，在空中排成"一"字形或"人"字形队形，开始向北飞行的旅程。到了秋天，我们又会结伴飞往温暖的南方去过冬。这样的迁徙可不容易啊，我们不但要飞行几千千米的距离，还要飞跃很高的山峰呢。你一定知道，世界上最高的山峰珠穆朗玛峰有8800多米高，可是我每年都会从它的头顶上飞过，很厉害吧！

物种档案

　　在天鹅家族中，和大天鹅相似的还有小天鹅、疣鼻天鹅等，它们都披着一身洁白的羽毛，体态相似。大天鹅的嘴是黄色的，只有嘴尖上呈黑色；小天鹅的体形略小，嘴部黑色；疣鼻天鹅的前额处有一块明显的黑色突起，嘴是鲜红色的。除此之外，还有黑天鹅，全身羽毛黑褐色；黑颈天鹅头颈处的羽毛是黑色的，身体其他部位的羽毛都是白色的。

　　天鹅的求偶行为非常丰富，雄天鹅会展开双翅，伸缩头颈，围绕着雌天鹅"跳舞"。如果确认关系后，它们会嘴碰嘴、头靠头，或者相互用嘴为对方梳理羽毛，甚至做出完全一致的姿态，在湖面上构成对称的图案，非常美观。而且，它们会一辈子相伴，一同迁徙，一同觅食。雌天鹅孵蛋时，雄天鹅会守护在周围，赶走入侵者。如果其中的一只天鹅死亡了，另一只会终身独自生活，不再寻找异性伴侣。

大雁

绰号：人字飞

　　深秋季节，天空中偶然会飞过一群大鸟，它们排成整齐的"人"字形，翩翩扇动翅膀，向南飞去。那就是我们大雁。

　　为什么我们要排成这样的队形迁飞呢？原来，在我们的雁群中，总有一些体弱、幼小的同伴，要想完成百万米的长距离飞行可不容易。这时，就需要雁群中身强力壮的大个子在最前面领飞，它在扇动翅膀时会在两边产生上升的气流，跟在侧后方的伙伴就可以借着这股气流滑翔，减少扇动翅膀的次数，飞得又快又省力。

　　领头雁特别累，所以需要有其他强壮的伙伴来替换着轮流领飞，这样整个雁群才能到达遥远的目的地。我们可是很有团队精神的哦！

物种档案

大雁包括很多种类，如灰雁、鸿雁、白额雁、黑雁、雪雁、斑头雁等。最常见的大雁就是灰雁和鸿雁。

大雁的嘴与鸭嘴相似，呈扁平的硬甲状，上嘴边缘有一排锯齿，这样便于它在水中觅食后将水滤出，把食物留在嘴里。大雁喜欢生活在宽阔的湖泊里，从3月到9月，它们一直生活在中国的东北以及俄罗斯的西伯利亚等地，繁殖生息。成群的大雁栖息时，总会有一只大雁伸长脖子，四处观望，负责警戒。一旦发现危险情况，它就会大声鸣叫，警醒同伴，立即逃跑。

到了夏末，秋风一起，成百上千的大雁就会聚集起来，沿着一条笔直的线路，排成规整的队列，向南方飞行。大约需要40～60天，它们才能到达长江流域或者更南方的湖泊河流地区，并在那里度过整个冬天。所以，如果在北方看到空中有雁群向南飞，就说明寒冷气候来临了。

灰雁

鸿雁

白额雁

黑雁

雪雁

斑头雁

秃鹫

绰号：座山雕

人们常常把我叫做"座山雕"，因为每天早晨，我总是独自兀立在高高的山崖岩石顶上，长时间一动不动。其实，我是在等待太阳把大地晒热，气流上升，这时我才趁着热空气起飞，在天空中盘旋滑翔，开始一天的捕猎行动。

虽然我足够强壮凶猛，但却很少捕捉活的猎物。对于我来说，最美味的食物不是刚刚猎杀的动物鲜肉，而是已经死了的动物尸体，如果有点腐烂就更好了。有时，当我突然发现山谷里有一只山羊的尸体，我会一个猛子俯冲下去，正准备开始享用美餐，没想到别的山头上的"座山雕"看见我突然降落，知道我肯定发现了食物，也接二连三地跟踪而来。结果大家边抢边吃，一只山羊很快就被分食得干干净净了。

物种档案

　　秃鹫是一种大型猛禽，性情孤独，常独来独往。它全身披着黑褐色的羽毛，但头颈部却是完全裸露的，头顶只有一些稀疏的绒毛，几乎是秃顶。这种特征完全是由于秃鹫的"食腐"习性造成的。原来，秃鹫长期以动物尸体为食，还特别喜欢吃腐烂的内脏和肌肉，因而免不了会沾上细菌，尤其是接触腐肉的头部和颈部，这让秃鹫很容易染上疾病。

　　既然改不了食腐的习惯，久而久之，秃鹫的头和颈部就不再长毛，这样可以少沾染细菌，也便于清洁。秃鹫饱餐后，常常会将头颈在草丛或沙石上左蹭右擦，尽量把沾在脸上和头颈上的污物擦拭掉。它还有个习惯，就是在吃完腐肉后，总是要展开翅膀，长时间地晒太阳。这是因为太阳光中的紫外线能够杀死沾在羽毛上的大多数细菌。秃鹫的食腐习性直接清除了自然环境中的大量动物尸体。所以，秃鹫成了非常重要的大自然"清洁工"。

孔 雀

绰号：美鸟王

我是一只美丽的孔雀，看我这身漂亮的羽毛，翠绿的色彩中，镶嵌着黄褐色的花纹，好像一层层的波浪，在阳光下，一闪一闪地反射出耀眼的光辉。尤其是我尾巴上的这些长长的羽毛，每一支都有1米多长，末端还有一个亮蓝色的圆斑，好像一个神奇的大眼睛。

蓝孔雀

到了繁殖季节，我时常会把这些五彩的长羽毛一点点翘起来，排成一个半圆形的彩屏，轻轻地摆动，就像一把超大的羽毛扇。羽毛和羽毛之间相互摩擦，发出"沙沙沙"的声音，两边还有许多细丝般的小羽毛，绿色中夹带着金子般的光亮。羽毛上的大圆斑排列成奇特的图案，闪烁着五彩晶莹、彩虹般的光华。这时，你一定会脱口而出：啊，孔雀开屏了！

绿孔雀

物种档案

孔雀有两种，一种是绿孔雀，分布在东南亚和中国的云南；另一种是蓝孔雀，分布在印度等南亚地区。绿孔雀体形稍小，头颈到胸部的羽毛为绿色；蓝孔雀体形较大，头胸部的羽毛为宝蓝色。两者的另一个区别是，绿孔雀头顶上直立着的一丛冠羽像突起的短刀，而蓝孔雀的冠羽则展开成扇形。

孔雀的尾羽色泽华丽，被称为"天使之羽"。不过，无论是哪一种孔雀，绚烂多彩的都是雄鸟，雌孔雀既没有纤长的尾羽，也没有五彩的颜色。它们全身的羽毛几乎都是灰褐色的。

在自然界中，雄孔雀开屏通常是在繁殖季节的一种求偶行为。这时，它们常常会围着雌孔雀，展开漂亮的尾羽，以此引起雌孔雀的关注。如果孔雀遇到危险或受到惊吓，因为有"长尾巴"而跑不快，有时也会突然开屏，以羽毛上的绚丽色彩和奇异的圆斑来吓退敌人。

鸽 子

绰号：人间信使

　　我有一双千里眼，飞行时，远隔几千米就能发现在空中盘旋的危险的猎鹰。不过，如果是一只专吃腐肉的兀鹫，那就不用担心了。有时候，我会离开巢穴很长时间，可回来时一眼就能发现地面上自己的家，从成百上千的鸽群中分辨出自己的家人。

　　我的视力这么好，是因为我的眼睛里有好多发达的神经纤维，能够在大脑里形成精细的图像，不但能看清形状和位置，还能辨别颜色和光亮，再细微的差异都逃不过我的眼睛。所以，我有两个同伴被请到工厂里，专门在流水线旁做"检测员"，只要发现产品有一点点不合标准，总是能准确地把它们挑出来。

平时，我在天空中一边快速飞行，一边判断方向，一边还要搜寻地面上哪里有我爱吃的果实、种子，所有这些都要在一瞬间完成，这可全靠我有一双敏锐的眼睛啊。

画家毕加索创作的鸽子

物种档案

鸽子善于飞行，天生就有一种辨别方向的能力，因此自古以来就有人训练鸽子传递书信，称为信鸽。

鸽子不但很早就与人为伴，还被视作和平的象征。60多年前，西班牙著名画家毕加索在一次世界和平大会上画了一只鸽子，它线条简洁，神情安详，口中衔着一支橄榄树枝，象征着和解、平安的含义，表达出人类追求和平的愿望。从那以后，和平鸽得到了全世界的认可。

鸽子在辨别方向和寻找自己的旧巢方面，具有异乎寻常的能力。科学家经过长期研究，发现鸽子体内有一种特殊的"生物雷达系统"。在晴朗的天气，鸽子能根据太阳光的位置来判断方向；如果是阴雨天，它们能通过感知地磁场来"导航"，同样不会偏离飞行方向。同时，鸽子不但具有极其敏锐的视力，它的嗅觉也超级发达，能将不同地方的不同气味牢牢记住，并且通过这些气味记号来确定飞行路线。

鹦鹉

绰号：学舌"达人"

　　我们不但长得漂亮，还有一个特别的本事，就是能学人类说话。只要教几次，我就能学会打招呼、叫姓名，比如"你好""好的""过来""不"；如果多练习一段时间，我还能说一些句子呢，比如"肚子饿了""你是坏蛋"。而且，我还能辨认各种东西，学着人说话的声音把它念出来，像红、黄、蓝、绿等颜色，或者水果、点心、水等食物，连三角形、正方形、圆形也不在话下。

一次，有人家里被窃。小偷进屋时，家里没有人，只有鸟笼里的一只鹦鹉。后来，警察在检查现场时，聪明的鹦鹉模仿窃贼叫着"罗尼，快过来！"警察根据这个线索，很快就抓到了窃贼，其中一个正是叫罗尼。你看，我们还能破案呢！

物种档案

鹦鹉是鸟类中最善于学习人说话的，不过，科学家认为这只是一种简单的模仿，通过反复训练来形成条件反射，因为鸟类的大脑还不够发达，难以进行复杂的思维活动。其实，世界上有200多种鹦鹉，只有少数具有"学舌"的能力。

在自然界，鹦鹉主要生活在热带地区。大多数鹦鹉都有色彩鲜艳的羽毛，而且头、胸、翅、尾的颜色各异，看上去花团锦簇的样子，也有一些纯白色和灰色的种类。中国最常见的绯胸鹦鹉，背上青绿色，胸腹部绯红色，鸟喙上半部分颜色鲜红，弯曲成钩，十分强劲，能够钳破坚硬的果壳，觅食其中的果仁。虎皮鹦鹉的羽毛有多种颜色，从颈部到背部的羽毛有黑色的横斑纹，貌似虎皮，因此而得名。金刚鹦鹉可能是色彩最丰富鲜艳的种类，而且个头大，尾巴长，被作为宠物鸟广泛饲养。在新西兰，还有一种奇特的啄羊鹦鹉，它长着尖利的长喙，性情凶猛，经常袭击羊群，啄食羊皮和羊肉，有时还损坏电线、房屋的门窗、衣物等，是有名的"破坏者"。

绯胸鹦鹉

虎皮鹦鹉

金刚鹦鹉

啄羊鹦鹉

猫头鹰

绰号：黑夜猎手

乍一看我的脸，是不是觉得和猫长得有点像啊？这主要是因为我脸上的羽毛排列得很特别，使得我的脸看上去又扁又圆。我的两只眼睛都长在脸的前面，看起东西来朝前直视，而别的鸟眼睛都长在头的两边。另外，我的头顶两侧还长着两撮耸起的羽毛，很像猫的耳朵吧？

因为我的两眼只能朝前看，所以就要靠转动头颈来扩大视野了。我的颈椎骨很特别，可以弯曲绕转，这样我的头就可以灵活地左右旋转270度了。白天，我常常躲在树上睡大觉。到了晚上，我的精神就来了，瞪大双眼，静静地在树上观察周围的动静。我的眼睛有一种特别的本领，即使四周一片漆黑，在我的眼里一切都能看得清清楚楚。那些趁着夜色偷偷出动的小动物，常常毫无察觉，就成了我利爪下的猎物了。

物种档案

猫头鹰的学名叫"鸮"，因形似猫脸而得名。全世界大约有130多种猫头鹰，大多数生活在欧亚大陆的热带和亚热带地区。中国约有23种。

猫头鹰是鸟类中的捕食高手，也是典型的食肉鸟类，主要捕捉蛙类、鼠类、蛇类、小鸟等，有时也吃一些昆虫。猫头鹰的眼睛结构特殊，视网膜上有大量感光细胞，能借助微弱的光线看清黑夜中的东西。它的听觉也很敏锐。

一旦发现猎物，猫头鹰便悄无声息地迅速出击。它的羽毛非常蓬松，羽毛之间的特殊结构具有消音效果，使猎物不容易察觉到它正展翅降临。猫头鹰的双脚非常强劲有力，趾爪弯曲而锋利，再加上粗壮如钩的硬喙，大多数小动物都难以逃过它临空而降的突然一击。

长耳鸮

绰号：捕鼠"神器"

　　我是一只长耳鸮，要说我最喜欢的食物，那当然是老鼠了。只要有我在，这些讨厌的老鼠可算是遇上天敌了。一个晚上，我就能捕杀好几只老鼠。就算我已经吃饱了，只要看见老鼠出没，也会毫不犹豫地猛扑上去，宁可把猎杀的老鼠扔掉也绝不放过。一个夏天下来，我能吃掉上千只老鼠呢。所以，以前大家都把猫叫做"老鼠杀手"，其实我才是真正的捕鼠"神器"呢！

雕鸮

有趣的是，我们产蛋的多少，也和吃的老鼠多少有关系。如果吃的老鼠足够多，一窝就可以产上10来只蛋。反之，一窝只能产蛋四五只。除了老鼠，我还要吃许多昆虫，当做餐后点心。

物种档案

　　由于长耳鸮通常在夜间捕食，所以，我们很少能亲眼看到它是怎样觅食的。其实长耳鸮在用利爪将猎物捕获杀死后，是以"囫囵吞枣"的方式咽下食物的。它的食管伸缩性很强，当抓获了鼠类或小鸟后，常常将这些猎物完整地吞咽到胃里。它的胃分为腺胃和肌胃两个部分。腺胃具有消化腺，能分泌消化液。食物先经过腺胃，被消化液包裹，然后推送到肌胃，在那里经过与消化液充分混合和搅拌，逐渐被消化分解。同时，肌胃还像是一个过滤器，能够阻止坚硬的骨骼和不能消化的羽毛、毛发等食物残渣进入肠道，所以，肌胃里的食物中，易消化的成分被移送到小肠，不能被消化的物质则聚积成团，被推回腺胃，再经过食管，就挤压成了一个长椭圆形的块状物，从口中吐出。这些东西叫做"食丸"，也称为"唾余"。通常，长耳鸮一次饱食，大约需要8～24小时的时间才能完成整个消化过程。

　　在长耳鸮家族中，雕鸮是最高大强壮的，它不但吃老鼠，还常常捕杀野兔、野鸡，甚至连蛇也不是它的对手。

蜂 鸟

绰号：微型直升机

我们是鸟类中的"迷你族"，一般体长都不到10厘米。最小的麦粒鸟只有5厘米长，其中长嘴和尾巴还占了一半体长，所以它的身体其实比一只蜜蜂大不了多少，是名副其实的世界最小鸟。

我们所有的同类大概都只吃一类食物，就是花蜜。不过，我可不喜欢像蜜蜂那样在花朵上爬来爬去采集花蜜，而是偏爱像直升机那样把身体飞停在半空中，靠我的长嘴插到花朵里吸食。只有我们蜂鸟才能做出这种悬停飞行的姿势，因为我们靠一双狭长的小翅膀飞快地扇动，快到你根本看不清，加上我们体重超轻，所以才能够稳稳地停在空中。我们还能随时上升、下降、转弯，还能头朝前、身体朝后地倒着飞行，这在我们鸟类家族中可是绝无仅有的"特技"哦！

物种档案

全世界有300多种蜂鸟。蜂鸟不但体形小，而且几乎全都以采集花蜜为主要食物，这种觅食方式和蜜蜂相似，蜂鸟也因此得名。它们在采集花蜜时，先将又尖又长的嘴插入花朵，然后伸出更为细长的舌头，像吸管一样吸食花蜜。觅食时，蜂鸟的嘴部会沾上许多花粉，当它们飞到另一朵花上采蜜时，就会把花粉留下，帮助植物完成了传粉的过程。

蜂鸟的飞行能力和技巧在鸟类中堪称出类拔萃，这得益于它扇动翅膀的超高频率。通常，鸽子在快速飞行时每秒钟扇翅六七次，而蜂鸟悬停在空中觅食花蜜时，每秒钟扇翅竟然可达70次，难怪看上去它像是直升机那样一动不动地停在空中呢。

不过，蜂鸟如此高频率地扇翅飞行，体力消耗很大，每分钟的心跳达到600次左右。所以，它需要不断地觅食，每天进食的食物重量是体重的好几倍，只有这样才能补充体力。

啄木鸟

绰号：森林医生

大家都管我叫"森林医生"，因为我总是不知疲倦地啄食大树上的害虫，好像是在给树木看病一样。

我有一套捕虫的独门绝技：首先，我会一边沿着树干向上爬，一边用又尖又硬的嘴"笃笃笃"地叩敲树干，仔细地辨别不同的声音，这有点像医生用听诊器在给病人检查。靠这样的"听诊"方法，我能察觉出害虫在树干里钻的空洞在哪里。

一旦发现了这些蛀洞的位置，我就会猛力啄破树皮和木头，露出蛀洞，然后伸出长舌沿着蛀洞探寻下去。我的舌头超级厉害，能伸出十几厘米，上面不但沾满黏液，而且舌尖上还有像刺一样的倒钩，能顺着蛀洞转弯，把隐藏很深的害虫连粘带钩地捉出来。

物种档案

啄木鸟有200多种，分布在大洋洲以外的世界各地，绝大多数都以啄食树木害虫为食。一只普通的斑啄木鸟每天就能吃掉上千条害虫的幼虫。

啄木鸟尾巴上的羽毛非常坚硬，具有弹性，当它用利爪抓住树干爬行或停下来啄木时，坚挺的尾巴有力地支撑在树干上，以保持身体平衡。

啄木鸟啄击树木的频率很快，而且速度惊人，以这种速度和冲击力，它的强劲尖嘴能轻而易举地啄破树皮，啄出孔洞。

啄木鸟长期啄树捕虫，头部不断地受到振动冲击，难道不会造成脑震荡吗？其实，啄木鸟的头颈部的肌肉非常强健，能对头部所受冲击起到保护作用。它的头骨里还有一层特殊的海绵状结构，就像戴了一个特制的避震头盔，能有效地缓冲振动带来的影响。

燕子

绰号：叉叉尾

小燕子，穿花衣，年年春天来这里……

我的花衣服就是我身上的羽毛啦，从头上到背上的羽毛是蓝黑色的，还带着金属一样的光泽呢。我头颈的羽毛是绯红色的，肚子上的羽毛是白色的，好像是白衣服上面扎了一个红色的领结，是不是很漂亮啊？我有个亲戚叫金腰燕，它的肚子上有一层亮黄色的羽毛，也很酷哦。

我的翅膀，又尖又长，当我在天空中飞行时，翅膀扇动，就像一把剪刀在一张一合。我的尾巴两边长，中间凹，也像分叉的剪刀。人们还根据我的尾巴形状，设计出了燕尾服，专门用来出席重要活动。

到了繁殖季节，我们喜欢在房子的屋檐下筑巢。要从野外用嘴一次次衔来泥团、草根，把它们一点一点粘合堆砌起来，最后做成像碗一样的窝，里面再铺上一些羽毛、杂草，这就是我们的家了。

物种档案

燕科的鸟类有80多种，通常所说的燕子就是家燕。它的嘴宽而扁平，深裂，所以能张开得很大。在空中飞行时，燕子总是张着嘴捕捉飞虫。

燕子主要以捕食昆虫为食，在繁殖季节，它每天捕食的昆虫量相当于自身的体重，其中大部分用来喂养巢中的幼鸟。由于幼鸟的食量很大，所以一对燕子亲鸟每天都要往返燕巢数百次，将捕捉到的昆虫喂给幼鸟吃。在这段时间里，燕子几乎整个白天都在不停地捕食昆虫，非常忙碌。

由于燕子几乎只吃飞舞在空中的昆虫，而不善于捕食地面的爬虫或昆虫的幼虫，所以到了秋冬季节，北方地区气候寒冷，昆虫数量大大减少，迫使它成群向南迁徙，到比较温暖湿润的南方去觅食。到了次年春天，在南方过冬后的燕子逐渐北飞，准备开始新的繁殖季节。有趣的是，燕子有很好的记忆力，常常能找到去年修筑的巢穴，在那里再一次产蛋孵化，抚育幼鸟。难怪古人会有"似曾相识燕归来"的诗句。

缝叶莺

绰号：林间裁缝

　　我是一只性格活泼的缝叶莺，喜欢一边唱着快乐的歌儿，一边在树丛里穿来飞去。由于我个子小、飞得快，所以你常常只听到我的叫声，却看不到我的身影。

　　当然，我最大的本事不是唱歌，而是裁缝出一个绝无仅有的鸟巢。先要选择一片宽大的叶片，用尖细的嘴当"针"，在叶子的两边各啄出一排小孔，再找来一些棕丝、蜘蛛丝等当"线"，嘴脚并用，把"线"穿过小孔，然后拉紧，宽大的叶片就慢慢地卷曲起来了。

就这样，我不断地在叶子的两边打孔、穿线、缝合，直到叶片两边合拢，成了一个袋子。这时候，我还要去找一些枯草、羽毛、棉花等软软的东西铺在里面，这样，一个崭新的鸟巢就做好了。最后我还要找一些草茎把鸟巢牢牢地拴在树枝上，以免掉落。

织布鸟

物种档案

大多数鸟类在繁殖季节都会营造鸟巢，相对安全和舒适的鸟巢，便于它们产卵、孵化，也利于亲鸟喂养和保护雏鸟。缝叶莺是鸟类中的营巢"高手"，它的巢需要经过精细的编织过程才能完成，因此称为"编织巢"。

除了缝叶莺，织布鸟也是营巢的"专家"。不过，和缝叶莺营巢主要由雌鸟完成不同，织布鸟的巢主要由雄鸟来建造。它先衔来一些结实有韧性的植物纤维，将它们紧系在树枝上，然后由上而下，用嘴衔着草叶、草茎、细树枝等来回穿梭、编织，渐渐地编织出了一个吊瓶状的鸟巢雏形。这时，雌织布鸟才来到新巢，钻到里面，雄鸟在巢外寻找各种编织和铺垫的材料，嘴对嘴传递给里面的雌鸟，雌鸟细致地对鸟巢进行内部的修缮和铺设，它们内外配合，穿进穿出，看上去就像织布一样，最终编织出一只非常细密、结实、精致的鸟巢。

图书在版编目（CIP）数据

摇摆萌娃：鸟类天地大揭秘 / 郝思军编著. — 上海：上海科学普及出版社, 2017
（神奇生物世界丛书 / 杨雄里主编）
ISBN 978-7-5427-6946-6

Ⅰ.①摇… Ⅱ.①郝… Ⅲ.①企鹅目—普及读物 Ⅳ.①Q959.7-49

中国版本图书馆CIP数据核字（2017）第 165825 号

策　　划	蒋惠雍	
责任编辑	柴日奕	
整体设计	费　嘉	蒋祖冲

神奇生物世界丛书
摇摆萌娃：鸟类天地大揭秘
郝思军 编著
上海科学普及出版社出版发行
（上海中山北路832号　邮政编码 200070）
http：//www.pspsh.com

各地新华书店经销　　上海丽佳制版印刷有限公司印刷
开本 787×1092　1/16　印张 3　字数 30 000
2017年7月第1版　2017年7月第1次印刷

ISBN 978-7-5427-6946-6
定价：42.00元